Christiane Nießeler

Individueller Schmuck für jeden Stil

Für meine Tochter Selina

Christiane Nießeler

Individueller Schmuck für jeden Stil

Armbänder und Ketten

Augustus Verlag

Inhalt

Vorwort

Der Wunsch, sich zu »schmükken«, ist so alt wie die Menschheit. Die Schmuckstücke vergangener Zeiten, die wir in Museen bewundern können, sagen uns viel über das Leben und die Kultur eines Volkes. Echter Schmuck galt und gilt bis heute als Ausdrucksform von Reichtum und Wohlstand. Aber auch Schmuck in Form von kultischen und magischen Amuletten begleitet uns durch die Jahrhunderte. Man trug diesen Talisman zum Schutz »hautnah« und oft ein Leben lang, um ihn dann an die nächste Generation weiterzuvererben. Für einige Naturvölker gilt der traditionelle Stammesschmuck auch heute noch als wichtigstes Kleidungsstück. Besucher werden mit den aufwendig gearbeiteten Insignien willkommen geheißen.

Für uns ist das Herstellen von Modeschmuck nicht mehr an bestimmte Regeln und Arbeitsmethoden gebunden. Alles, was tragbar ist, kann verwendet werden. Die Spanne reicht von Perlen, Drähten, Stoffen, Kordeln bis hin zu Büroklammern. Je bunter der Materialmix, um so einfacher können oft die Techniken sein. Der Kostenaufwand ist im Vergleich zur Wirkung gering. Das Schmuckstück kann aber trotzdem für jede Trägerin zur kleinen Kostbarkeit werden, denn es ist individuell, passend zu einem ganz speziellen Anlaß und das letzte i-Tüpfelchen für das aktuelle Outfit. Dafür müssen diese Unikate auch nicht hinter verschlossenen Banksafes schlummern. Sie werden offen zur Schau getragen und ziehen trotz ihres geringen materiellen Wertes bestimmt so manchen Blick auf sich.

In diesem Buch wird nicht von Diamanten – laut Marylin Monroe die besten Freunde jeder Frau – die Rede sein, auch nicht von berühmten Edelsteinen wie dem Kohinoor, der so alt sein soll wie Methusalem und seinen Besitzer zum Herrscher der Welt machen kann. Der hier vorgestellte Schmuck soll Sie inspirieren und dazu auffordern, selbst aktiv und kreativ zu werden. Schmuck ist immer Ausdruck der eigenen Persönlichkeit, ob dezent und filigran oder opulent und auffällig.

Material und Werkzeug

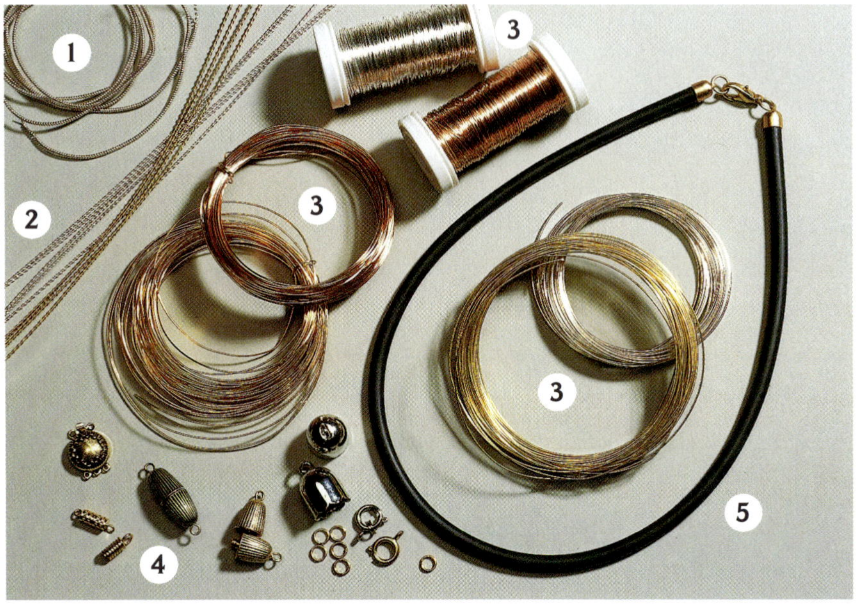

Perldraht (1), Plombendraht (2), Gold-, Kupfer- und Silberdraht (3), verschiedene Verschlüsse (4), Kautschukband (5).

• *Silber-, Gold-, Kupfer- und Lackdraht* gibt es in unterschiedlichen Stärken, von 0,25 – 0,8 mm. Silberdraht hat meistens einen Kupferkern. Echt vergoldeter oder versilberter Draht wertet Ihr Schmuckstück natürlich auf, ist aber teurer.

• *Plombendraht* hat eine spiralenförmige Oberfläche und ist erhältlich in 25 cm-Abschnitten in Silber und Gold.

• *Perldraht* ist ein Spiralhohldraht (ca. 1 mm Ø). 1 cm Perldraht kann bis zu 4 cm aufgezogen werden und behält dabei immer noch eine wellige Struktur.

• *Perlen, Knöpfe, Röhren* und Hülsen sind in den entsprechenden Abteilungen gut sortierter Kaufhäuser oder in speziellen Perlenläden erhältlich.

Rocailles sind kleine Glasperlen (2 – 2,6 mm Ø), die es in vielen matten und glänzenden Farben gibt, mit und ohne Silbereinzug. *Wachsperlen* eignen sich wegen ihres samtigen, weichen Schimmers besonders gut für edle Schmuckstücke. *Holzperlen* können dank ihrer größeren Bohrung auch mit rustikalen Materialien verarbeitet werden.

• *Leder* zur Herstellung von Perlen ist in Leder- oder Stoff-

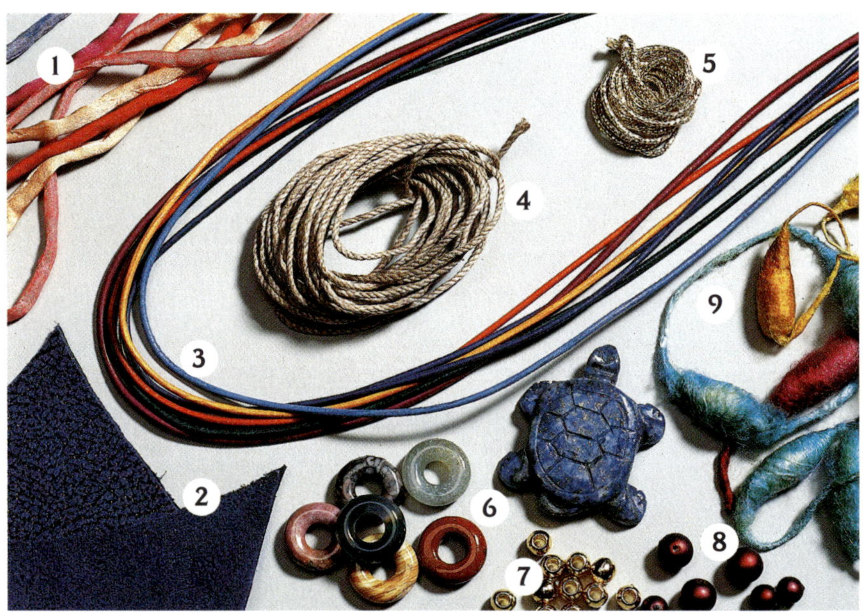

Seidenschnüre (1), Leder (2), Lederriemen (3), Hanf (4), Goldkordel (5), Schmucksteine (6), Goldperlen (7), Wachsperlen (8), Kokonschnüre (9).

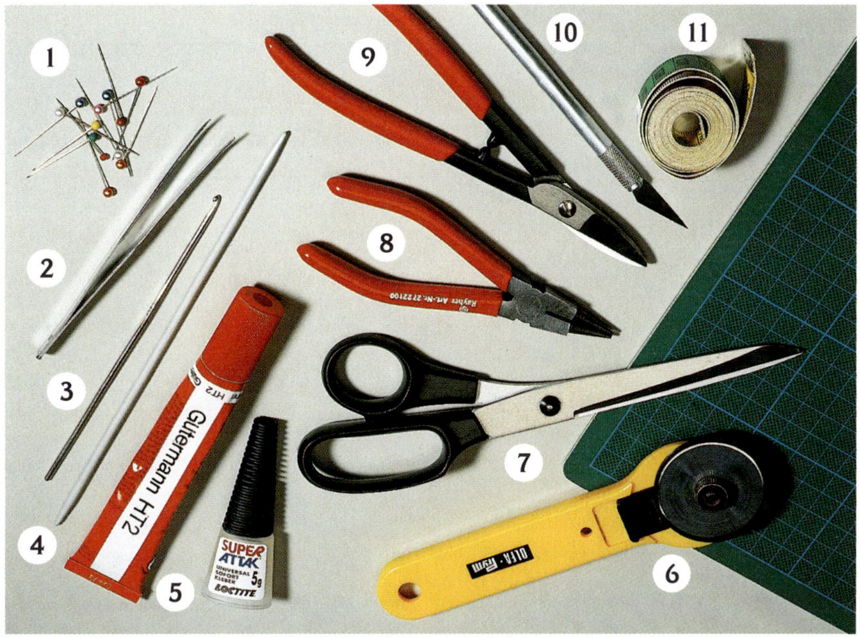

Stecknadeln (1), Pinzette (2), Häkelnadel (3), Stricknadel (4), Kleber (5), Schneidematte und Rollschneider (6), Stoffschere (7), Kettelzange (8), Goldschmiedeschere (9), Präzisionsmesser (10), Maßband (11).

geschäften oder Polstereien erhältlich. Aber auch ausgediente Lederjacken oder -taschen ergeben noch eine Menge Perlen. *Rundriemen* (1,5 – 2 mm Ø) aus Ziegen- oder Rindsleder gibt es farblich gut sortiert als Meterware. Die in diesem Buch verwendeten *Stoffe* wie Seide oder Plüsch bekommen Sie in Handarbeits- und Stoffläden.

- *Kordeln, Borten, Hanf, Seidenschnüre und Kautschukbänder* sind in Bastel- und Handarbeitsläden erhältlich.
- *Edel- und Schmucksteine:* Bei dem einen oder anderen Stück wurden passende Edel- und Schmucksteine eingearbeitet. In jedem Modeschmuckgeschäft werden Achat, Amethyst, Bergkristall, Bernstein, Fluorit, Jaspis, Karneol, Koralle, Lapislazuli, Malachit, Mondstein, Onyx, Rosenquarz und Türkis – um nur einige zu nennen – relativ günstig angeboten. Man erinnert sich der ihnen zugesprochenen magischen Ausstrahlung, die bereits früheren Kulturen bekannt war. Sie werden astrologisch zugeordnet und ihre Anhänger sind von ihren heilkräftigenden Eigenschaften überzeugt. Zu guter Letzt hält der Handel ein breites Sortiment an *Verschlüssen* für Halsschmuck bereit, z.B. Drehverschluß, Collierschließe, Federring mit Spaltringen, Karabinerschließe, Tulpenkappel, Verbinder für Lederriemen usw. Auch hier können Sie sich nach Wunsch für wertvollere, echte (vergoldete oder versilberte) Schließen entscheiden.
- *Werkzeug:* Zu jedem Schmuckstück benötigen Sie einige wenige Werkzeuge bzw. Hilfsmittel. Es sollte wie Ihr übriges Schmuckmaterial bereitliegen, um unnötige Unterbrechungen zu vermeiden. Zur Grundausstattung gehören eine Kettelzange zum Biegen von kleinen Ösen, eine Goldschmiedeschere oder ein Seitenschneider zum Abzwicken der Drähte, ein Präzisions-Bastelmesser zum Schneiden von Leder o.ä., eine Stoffschere, ein Maßband, Klebstoff, eine Häkelnadel, eine Stricknadel, Stecknadeln, eine Pinzette und, wenn vorhanden, ein Rollschneider und die dazugehörige Schneidematte.

Wichtig
Lesen Sie vor Beginn Ihrer Arbeit die Beschreibungen und die dazugehörende Technik genau durch, um Mißverständnisse und Unklarheiten zu vermeiden.

Techniken

Verdrillen

Eine ungewöhnliche, aber schnelle und effektvolle Technik ist das Verdrillen von verschiedenen Materialien (Seidenschnüre, Lederriemen, Garne, Kordeln, Perlen und Drähte) zur Herstellung von Schmuckbändern. Damit es ganz einfach geht, benötigen Sie dazu einen kleinen Schraubstock (zur festen Fixierung) und einen Handmixer mit Knethaken. Schneiden Sie z.B. Seidenschnur, Draht (0,6 mm) mit einigen kleinen, aufgefädelten Glasperlen und Kordel (2 mm) in jeweils 80 cm Länge zu. Verknoten Sie das Material an einem Ende oder umwickeln Sie es fest mit dem Drahtende, und befestigen Sie es in dem Schraubstock, der fest auf einer Tischplatte sitzt. Das andere Ende wickeln Sie um den Knethaken. Halten Sie die Fäden straff und waagrecht zwischen Mixer und Schraubstock und verteilen Sie die aufgefädelten Perlen gleichmäßig. Halten Sie nun mit einer Hand den Mixer, mit der anderen Hand locker die Fäden vor dem Knethaken (zur besseren Führung). Verdrillen Sie nun die Schnüre mit der ersten Geschwindigkeitsstufe des Mixers (Achtung: Schrecksekunde!). In Sekundenschnelle verdreht sich das Material miteinander. Öffnen Sie den Knethaken vorsichtig und lassen Sie dabei das Band nicht durchhängen, denn durch die einseitige starke Drehung kann die Spannung recht groß sein, die Fäden würden sofort in die entgegengesetzte Richtung schnellen und wertvolles Material ginge verloren. Kontrollieren und bremsen Sie mit der Hand den Rückwärtsdrill. Danach müssen Sie an beiden Seiten je 5 – 8 cm abschneiden, rechnen Sie diesen Verlust also beim Zuschnitt gleich mit ein. Der mitverdrillte Draht kann noch zum Abbinden der beiden Enden verwendet werden. Verdrillen Sie, wegen der Gleichmäßigkeit, maximal eine Länge von 1,30 m. Sie können Drähte, Leder und Schnüre kombiniert oder auch einzeln verdrillen und anschließend zusammenfügen.

Wichtig
Fertigen Sie einige Probestücke an, um das richtige Mittelmaß für Ihre Schmuckstücke zu finden.

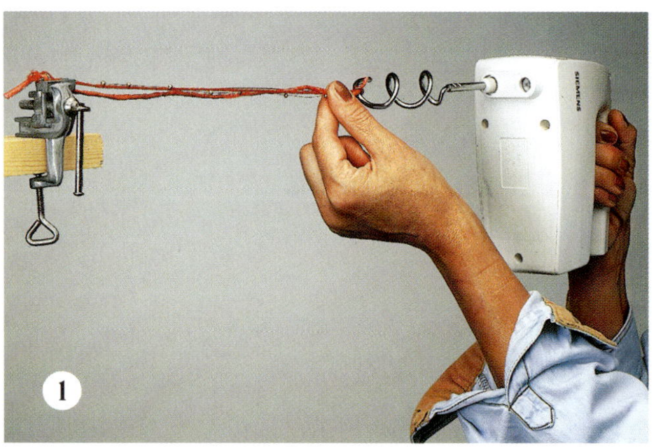

1

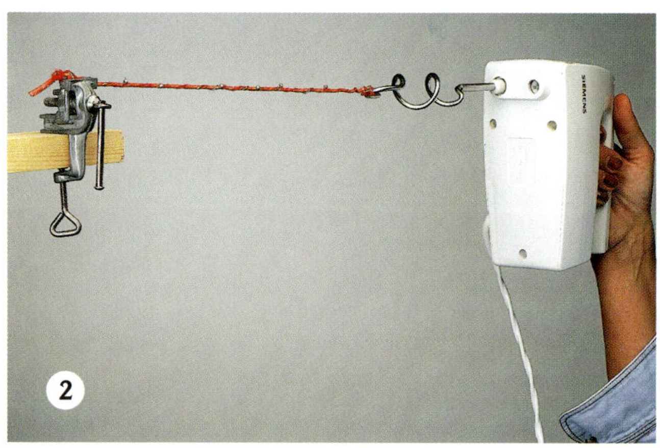

2

Knüpfen und Flechten

Für feinere Knüpfarbeiten ist eine Unterlage sinnvoll, auf der die Fäden mit Kopfstecknadeln fixiert werden können. Das kann ein stark gepolstertes Kissen oder eine festere Styroporplatte (etwa 30 x 40 cm) sein.

• *Weberknoten*

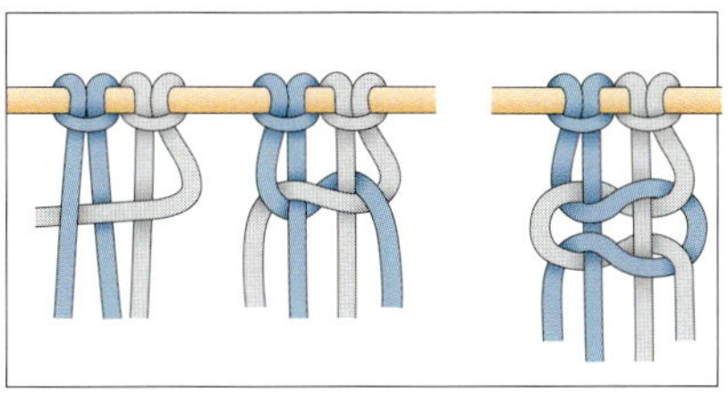

Der Weberknoten wird meist mit vier Fäden geknüpft: in der Mitte zwei Leitfäden, rechts und links je ein Knüpffaden. Die Leitfäden werden gespannt zwischen Mittel- und Ringfinger der rechten Hand gehalten, während die erste und zweite Hälfte des Knotens gelegt wird; nach jeder Hälfte sollten Sie gleichmäßig anziehen.

• *Wellenknoten*

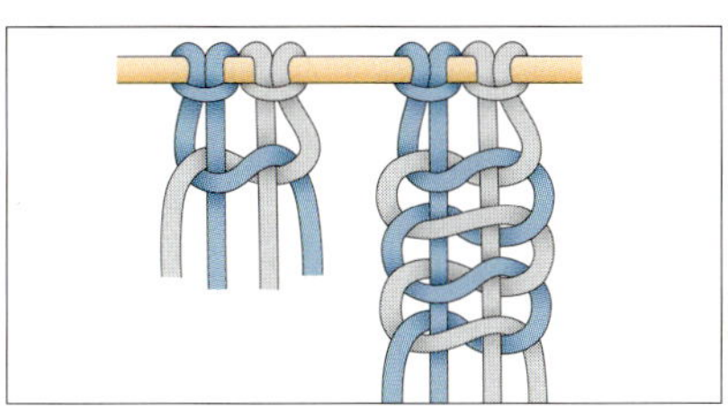

Der Wellenknoten besteht nur aus der ersten Hälfte des Weberknotens; nach ca. fünf Knoten beginnt sich das Band zu drehen. Achten Sie aber darauf, daß Sie den Wellenknoten immer in die gleiche Richtung knüpfen.

• *Josefinenknoten*

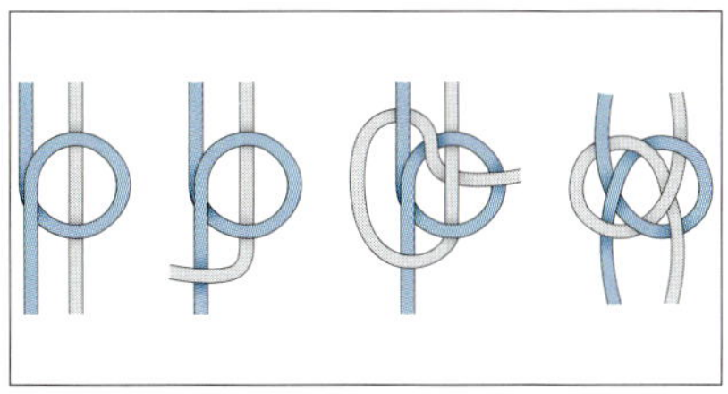

Der Josefinenknoten ist ein Flechtknoten, der mit zwei, vier, sechs oder mehr Fäden gelegt werden kann. Bei mehreren Fäden ist die saubere und exakte Ausführung besonders wichtig: Alle Fäden sollten nebeneinander liegen.

• *Kettknoten*

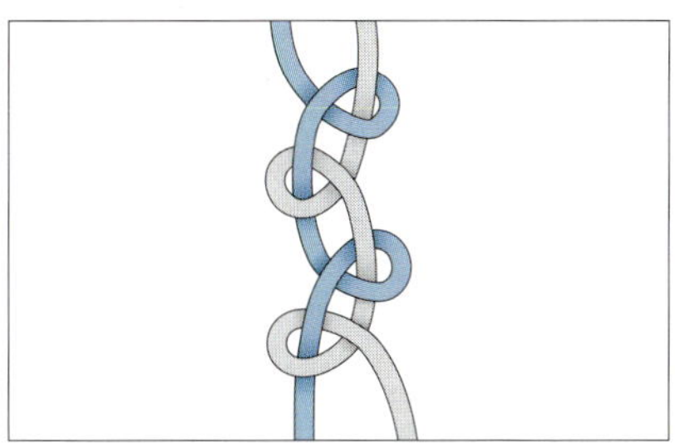

Der Kettknoten wird abwechselnd über den rechten bzw. linken Faden gelegt.

• *Überhandknoten*

• *Kronenknoten*

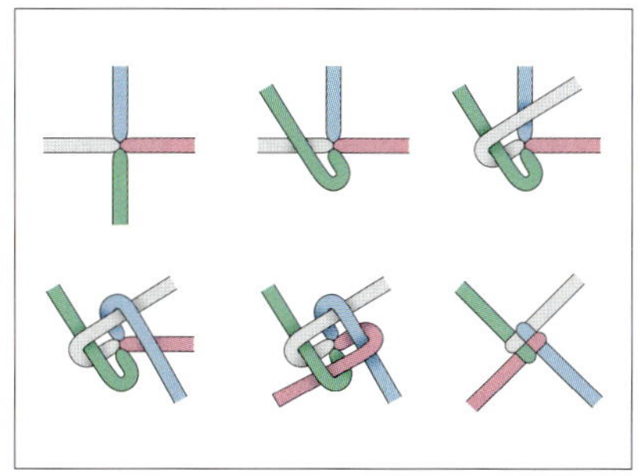

Der Kronenknoten kann mit vier, fünf oder sechs Fäden ausgeführt werden.

• *Viererzopf*

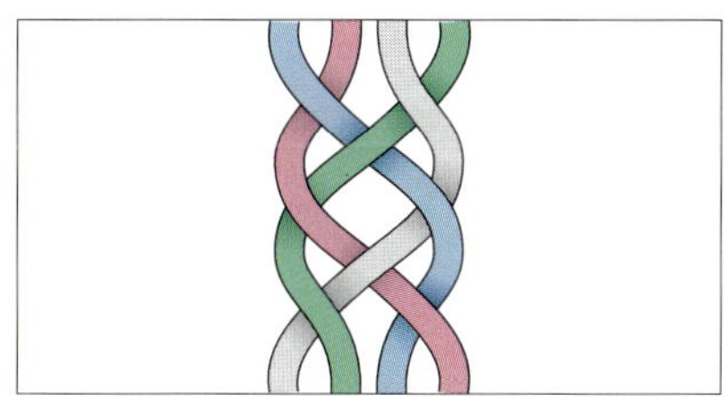

• *Neunerzopf*

Bei einem Zopf mit neun Fäden entsteht ein schönes Fischgrätmuster. Nehmen Sie fünf Fäden in die linke und vier Fäden in die rechte Hand. Der Zopf wird abwechselnd von außen nach innen geflochten. Beginnen Sie

an der linken Seite, indem Sie den äußersten Faden zuerst über, dann unter zwei Fäden hindurchführen.

- *Zopf aus einem Faden*

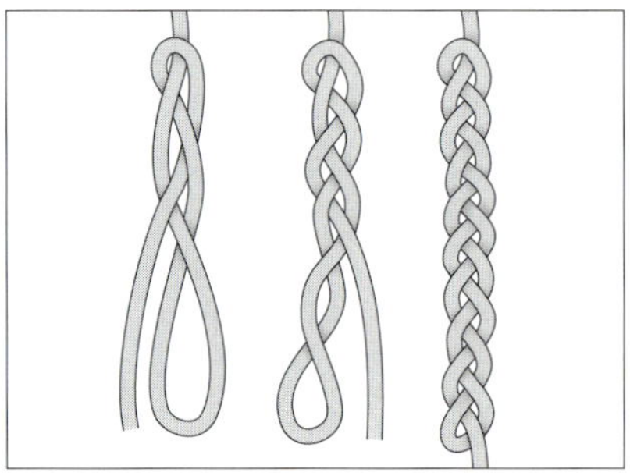

Den Faden in drei gleiche Längen legen und wie gewohnt einen Zopf daraus flechten. Am Schluß das lose Fadenende zur Befestigung durch die Schlaufe ziehen.

Leder- oder Stoffperlen selbst herstellen

Sogenannte Knebelknöpfe dienten hier als Vorbild (siehe Modelle auf Seite 34 und 36).

1. Variante: Schneiden Sie eine passende Schablone aus festem, aber nicht zu dickem Karton aus, legen Sie sie auf das Leder oder den Stoff, zeichnen Sie die Umrisse an und schneiden Sie die Form – so oft wie benötigt – mit einer guten Schere aus.

2. Variante: Schneiden Sie die erforderlichen Dreiecke mit dem Rollschneider, einem Lineal und einer entsprechenden Schneidematte zu. Wie Sie in der Zeichnung sehen, ist dabei ein sehr rationelles Zuschneiden aus einem Stoff- oder Lederstreifen möglich.

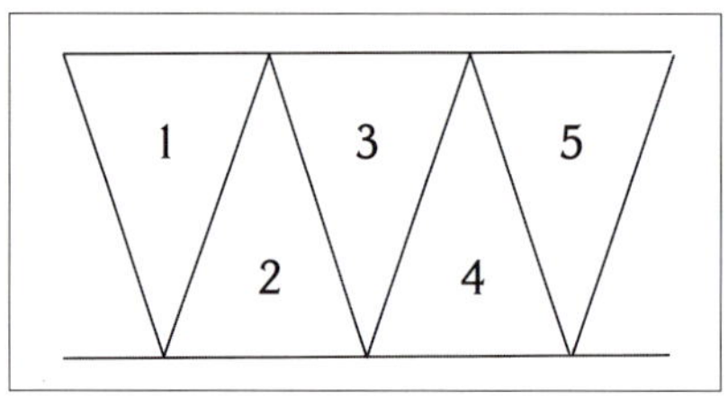

Wichtig
Glatte, saubere Schnittkanten sind nötig für die weitere exakte Verarbeitung.

Eine dünne Stricknadel (Nr. 2) wird anschließend an der Breitseite des Leders oder des Stoffes aufgelegt, um diese gleichmäßig zur Spitze hin aufzurollen. Kleben Sie die Spitze mit etwas Leder- oder Stoffkleber an und lassen Sie die Perle trocknen.

Wichtig
Es sollten keine Klebespuren sichtbar sein.

Häkeln

Zum Häkeln der Modelle auf den Seiten 19, 20, 21 und 32 sind nur einfache Luftmaschen (a) und feste Maschen (b) nötig (siehe Zeichnung).

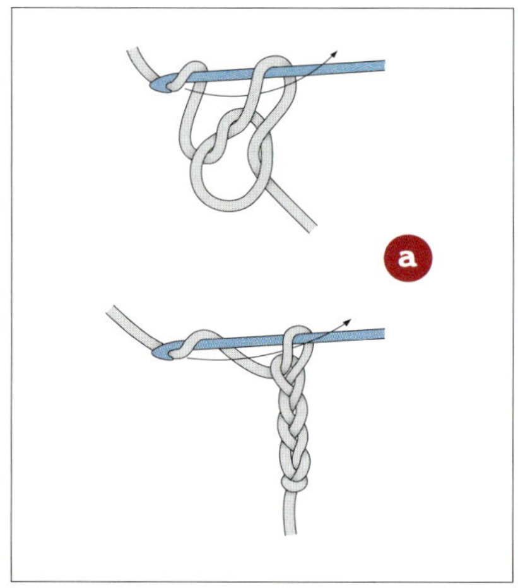

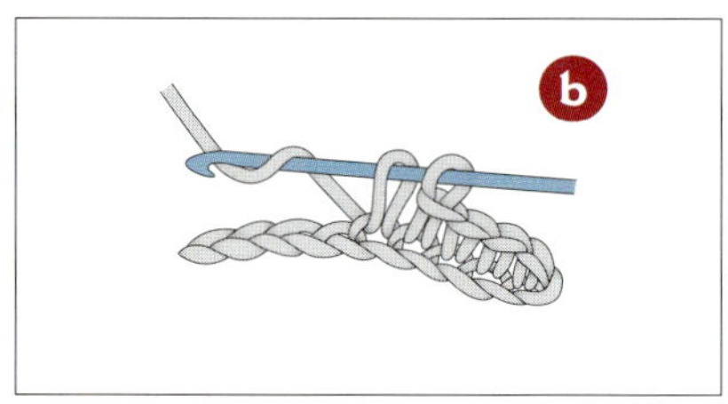

Nähen

Zur Anfertigung einiger im Buch vorgestellter Schmuckbänder (Seite 27, 28, 38, 40) benötigen Sie eine Nähmaschine. Einfachste Grundkenntnisse im Nähen sind ausreichend.

Schmuckgalerie

Elegant und filigran

Seidenband in Gold- und Brauntönen

Größe: ca. 53 cm lang, ca. 1,5 cm breit

Material

- 4 x 1,3 m Seidenschnüre, Pongé 08 oder Crêpe Satin 12, in verschiedenen Gold- und Brauntönen
- 1,3 m Kupferdraht, 0,6 mm Ø
- ca. 50 Goldperlen, matt, 3 mm Ø
- Schmuckverschluß, goldmatt, 8 mm Ø
- Klebstoff

Anleitung

Die Perlen auf den Kupferdraht auffädeln. An einem Ende die Seidenschnüre mit dem Kupferdraht umwickeln, in den Schraubstock spannen und verdrillen (siehe Seite 8). Das Band zur Hälfte legen und leicht ineinander verdrehen. Beide Enden mit dem Draht abbinden und den Schmuckverschluß aufkleben.

Halsschmuck mit Pailletten und Perlen

Größe: ca. 70 cm lang, max. 4 cm breit

Material

- Je 1,55 m Kupfer- und Golddraht, 0,6 mm Ø
- Rocailles-Perlen, 2,5 mm Ø, in den Farben Apricot, Sand und Topas
- Stiftperlen, 5 x 2 mm lang, topas
- Herzpailletten, 5 mm Ø, gold
- Tulpenpailletten, 5 mm Ø, gold
- Pailletten, 10 mm Ø, gelb
- Viereckige Glasperlen, 3 – 4 mm Ø, dunkelbraun
- ca. 180 cm Kupferdraht, 0,25 mm Ø
- 2 Spaltringe, 5 mm Ø, gold
- 1 Federring, 7 mm Ø, gold

Anleitung

Auf 75 cm Kupferdraht (0,6 mm) für das innere Band einige Rocailles und viereckige Glasperlen auffädeln und mit 75 cm Golddraht verdrillen (siehe Seite 8). Das äußere Band aus 80 cm Kupfer- und Golddraht genauso herstellen. Die beiden Bänder an den Enden so zusammendrahten, daß in der Kettenmitte ein Abstand von ca. 4 cm entsteht. Spalt- und Federringe andrahten. Auf den Kupferdraht (0,25 mm) in Abständen von 2 – 5 cm abwechselnd Rocailles, Stiftperlen und verschiedene Pailletten auffädeln und verdrehen (z. B. 5 Rocailles zu einem Kreis zusammendrehen, Pailletten mit Rocailles oder Glasstiften kombinieren etc.). Die Länge des fertigen Kupferdrahtes beträgt ca. 1 – 1,5 m. Kupferdraht zwischen den beiden Bändern verknüpfen.

Halsschmuck in Schwarz-Weiß

Größe: ca. 43 cm lang, 1,5 cm breit

Material

- 1 m Kautschukband, schwarz, 4 mm Ø
- 3 Beutel Wachsperlen, weiß, 3 mm Ø
- 2 x 1 m Silberdraht, 0,4 mm Ø
- 2 Verbinder für Lederriemen, platin, 2 mm Ø
- Schraubenschließe, platin, 5 x 11 mm
- Klebstoff

Anleitung

Aus dem Kautschukband einen Zopf flechten (siehe »Zopf aus einem Faden«, Seite 10). Ca. 8 cm sollten am Anfang und Ende nicht geflochten sein. Das Ende von 1 m Silberdraht knapp vor dem Zopfanfang 4 – 5 x um das Kautschukband wickeln. Zuerst die linke Seite des Zopfes arbeiten: Den Draht durch die erste Schlaufe des Zopfes nach hinten führen und 7 Perlen auffädeln. Anschließend den Draht von vorne nach hinten durch die zweite Schlaufe führen und weitere 7 Perlen auffädeln. Die Perlenbögen der linken Seite bis zum Ende des Zopfes so fortführen. Den Draht durch die letzte Schlaufe führen und wieder 4 – 5 x um das Kautschukband wickeln. Die rechte Seite des Zopfes gegengleich arbeiten. Die Kautschukenden mit einem scharfen Messer etwas anspitzen und mit etwas Klebstoff in die Verbinder stekken. Zum Schluß die Schraubenschließe an den Verbindern befestigen.

Perlenbogen in Silber und Weiß

Größe: ca. 70 cm lang, ca. 4 cm breit

Material

Band I:
- 6 x 80 cm Silberdraht, 0,4 mm Ø
- ca. 20 Wachsperlen, weiß, 4 mm Ø

Band II:
- 4 x 80 cm Silberdraht, 0,4 mm Ø
- 1 x 40 cm Perldraht, silber, 1 mm Ø (bis zu 80 cm aufziehen, siehe auch Seite 6)
- ca. 20 Wachsperlen, weiß, 8 mm Ø

Band III:
- 6 x 80 cm Silberdraht, 0,4 mm Ø
- ca. 40 Wachsperlen, weiß, 3 mm Ø

Band IV:
- 4 x 80 cm Silberdraht, 0,4 mm Ø
- 1 x 80 cm Seidenschnur, Crêpe Satin 12, weiß
- ca. 30 Wachsperlen, weiß, 3 mm Ø
- Schmuckverschluß in Silber, 6 mm Ø
- Klebstoff

Anleitung

Pro Band die entsprechenden Perlen auf einem Silberdraht verteilen und mit den restlichen Drähten bzw. der Seidenschnur verdrillen (siehe Seite 8).

Die 4 Bänder an den Enden zusammendrahten (dabei auf unterschiedliche Längen achten) und in den Schmuckverschluß kleben.

Kordelkette mit Doppelherz

Größe: ca. 70 cm lang, ca. 5 cm breit

Material

Band I:

- 80 cm Silberdraht, 0,6 mm Ø
- je 80 cm Wollfaden, dunkelgrün und hellgrün, meliert
- 80 cm Glanzkordel, creme, 6 mm Ø

Band II:

- 80 cm Silberdraht, 0,6 mm Ø
- je 80 cm Glanzkordel, creme und weiß, 2 mm Ø
- 80 cm Ziegenlederband, hellblau

Band III:

- 6 x 80 cm Silberdraht, 0,4 mm Ø
- ca. 60 Rocailles-Perlen, 2,6 mm Ø, silber
- 2 Fluorit-Herzen, ca. 4 x 3 cm
- Schmuckverschluß, silber, 8 mm Ø
- Klebstoff

Anleitung

Auf einen Silberdraht von Band III die 60 Rocailles auffädeln, gleichmäßig verteilen und mit den restlichen 5 Drähten verdrillen (siehe Seite 8).
Band I und II ebenfalls verdrillen. Die Herzen durch die Kordelbänder ziehen. Die Enden zusammendrahten (dabei auf die unterschiedlichen Längen der einzelnen Bänder achten) und den Schmuckverschluß aufkleben.

Halskette aus Kronenknoten mit Lapislazuli

Größe: ca. 40 cm lang

Material

- 2 x 2,2 m Goldborte, 1 mm Ø
- 2 x 2,2 m Hanf, blau, ca. 1 mm Ø
- Schildkröte aus Lapislazuli, ca. 4 x 3 cm, Bohrung ca. 3 mm Ø
- 4 Perlen aus Lapislazuli, ca. 1 cm Ø, Bohrung ca. 3 mm Ø
- Schmuckverschluß mit Karabiner, 5 mm Ø, gold matt
- Nähseide und -nadel
- Klebstoff

Anleitung

Die 4 Fäden durch die Schildkröte fädeln. Die Enden müssen rechts und links der Schildkröte gleich lang sein. Zuerst die rechte Seite arbeiten: 5 cm Kronenknoten (siehe Seite 9) mit wechselnden Fäden (gold, blau, gold, blau) knüpfen. 1 Lapislazuliperle auffädeln und wieder 5,5 cm Kronenknoten arbeiten. Eine weitere Perle aufziehen und 10 cm Kronenknoten knüpfen. Die linke Seite gegengleich arbeiten. Enden vernähen und den Schmuckverschluß aufkleben.

Goldenes Hals- und Armband mit Steinringen

Größe: Halsband: ca. 60 cm lang, ca. 1,5 cm breit · Armband: ca. 24 cm lang, ca. 1,5 cm breit

Material

Halsband:

- 4 x 2,7 m geflochtene Goldborte, 3 mm breit
- 13 verschiedene Steinringe, 15 mm Ø, Bohrung 6 mm Ø
- Schmuckverschluß mit Karabiner, 7 mm Ø, gold-matt

Armband:

- 4 x 1 m geflochtene Goldborte, 2 mm breit
- 8 verschiedene Steinringe, 15 mm Ø, Bohrung 6 mm Ø
- Schmuckverschluß mit Karabiner, 7 mm Ø, gold-matt
- Nähseide und -nadel
- Klebstoff

Anleitung

Für das Halsband in die Mitte der vier Fäden einen provisorischen Überhandknoten (siehe Seite 9) bilden, der nach den ersten Knüpfrunden wieder gelöst wird. (Um die Goldborte zu schonen, wird diese Kette von der Mitte aus nach beiden Seiten gearbeitet.) * Alle Fäden durch einen Steinring ziehen. 21 Runden Kronenknoten (siehe Seite 9) knüpfen. Ab * 5 x wiederholen. Zum Abschluß noch einen Steinring aufziehen und 10 Kronenknoten knüpfen. Die zweite Seite gegengleich knüpfen. Die Fadenenden vernähen und den Schmuckverschluß aufkleben. Das Armband genauso arbeiten, jedoch zwischen den Steinringen nur jeweils 14 Kronenknoten knüpfen. Beide Enden mit 7 Kronenknoten abschließen.

Gehäkeltes Hals- und Armband aus Silberdraht

Größe: Halsband: ca. 42 cm lang, ca. 1,5 cm breit
Armband: ca. 21 cm lang, ca. 1,5 cm breit

Material

- 1 Rolle Silberdraht, 0,4 mm Ø
- Rocailles-Perlen, 2 mm Ø, z. B. in den Farben Braun, Orange, Gelb, Hellgrün und Dunkelgrün
- 2 Collierschließen, ca. 13/10 mm
- Häkelnadel Nr. 2.0
- Kettelzange
- Seitenschneider

Anleitung

Diese Kette und dieses Armband werden der Länge nach gehäkelt. Auf den Silberdraht ca. 40 – 50 Perlen, farblich abwechselnd, auffädeln und zur Drahtrolle schieben. Eine Luftmaschenkette (siehe »Häkeln«, Seite 10) in der gewünschten Länge (z.B. 40 cm für das Halsband, 19 cm für das Armband) anschlagen. Auf die Luftmaschenkette eine Reihe feste Maschen häkeln. Zwischen den festen Maschen nach und nach alle Perlen einarbeiten. Sind alle Perlen verarbeitet, Draht abzwicken, neue Perlen auffädeln und weiterhäkeln. Dieser Drahtwechsel kann problemlos mitten in der Reihe erfolgen; Sie können aber natürlich auch gleich am Anfang ca. 100 Perlen auffädeln und bis zum Schluß mit einem Drahtstück arbeiten. Auf diese Weise insgesamt 3 Reihen feste Maschen häkeln. Die Drahtanschlußstellen 2 – 3 mal durch das Häkelband ziehen (= »vernähen«), abzwicken und mit der Kettelzange kleine Ösen biegen. Den Collierverschluß an beiden Enden mit Draht befestigen.

Gehäkeltes Hals- und Armband aus Kupferdraht

Größe: Halsband: ca. 40 cm lang, ca. 2 cm breit · Armband: ca. 18 cm lang, ca. 1,5 cm breit

Material

- 1 Rolle Kupferdraht, 0,25 mm Ø
- Glasstifte, blau, 5 x 2 mm
- Rocailles-Perlen, rot, 2,5 mm Ø
- Häkelnadel Nr. 2.0
- 2 Spaltringe, 5 mm Ø, gold
- 2 Federringe, 7 mm Ø, gold
- Kettelzange
- Seitenschneider

Anleitung

Auf den Kupferdraht abwechselnd ca. 40 – 50 Glasstifte und Perlen auffädeln und ans Ende des Drahtes schieben. Wenn Sie die Kette in einem Stück häkeln möchten, können Sie gleich etwa 100 Perlen auffädeln. Anschließend 4 Luftmaschen häkeln (siehe Seite 10), 1 Luftmasche zum Wenden für die nächste Reihe. Ab der 2. Reihe immer 4 feste Maschen und 1 Luftmasche zum Wenden häkeln. Zwischen den Maschen Glasstifte und Rocailles einarbeiten. Das Drahtband bis zur gewünschten Länge häkeln. Verarbeitung der Drahtenden und Fertigstellung der Kette wie bei Hals- und Armband aus Silberdraht (siehe Seite 19).

Gehäkelte Metallkette in Bordeaux

Größe: ca. 48 cm lang, ca. 2 cm breit

Material

- Lackdraht (= metallic lackiert), in der Farbe Orchidee, 0,3 – 0,4 mm Ø
- 38 Wachsperlen, bordeaux, 6 mm Ø
- 37 Wachsperlen, bordeaux, 8 mm Ø
- Drehverschluß, altsilber, ca. 2 cm lang
- Häkelnadel Nr. 2,5

Anleitung

Zuerst die 37 größeren, dann die 38 kleineren Perlen auf den Lackdraht auffädeln. 76 Luftmaschen (siehe »Häkeln«, Seite 10) anschlagen plus 1 Luftmasche zum Wenden.

1. Reihe:
* 1 feste Masche, 3 Luftmaschen, 1 kleine Perle, 1 feste Masche (ohne Abstand neben die 1. feste Masche setzen), ab * wiederholen bis zum Ende der Reihe.

2. Reihe:
3 Luftmaschen zum Wenden, 1 feste Masche in den 1. Luftmaschenbogen der 1. Reihe häkeln. * 1 Luftmasche, 1 größere Perle, 1 Luftmasche, 1 feste Masche in den folgenden Luftmaschenbogen, ab * wiederholen bis zum Ende der Reihe.

3. Reihe:
3 Luftmaschen zum Wenden, 1 feste Masche in die feste Masche der 2. Reihe häkeln.
* 2 Luftmaschen, 1 feste Masche in die feste Masche der 2. Reihe, ab * wiederholen bis zum Ende der Reihe.
Mit den Enden der Lackdrähte den Drehverschluß befestigen.

Gliederkette aus Plombendraht

Größe: ca. 62 cm lang, ca. 1 cm breit

Material

- 32 Stücke Plombendraht in Silber und Gold à 12,5 cm (Die Verkaufspackungen werden mit 25 cm Länge und 15 Stück pro Beutel angeboten.)
- Rundholz, 8 mm Ø, ca. 10 cm lang
- Kettelzange
- Seitenschneider

Anleitung

Die einzelnen Drähte über das Rundholz drehen (Foto, siehe »Regenbogenkette«, Seite 31). Mit der Kettelzange am Drahtanfang und -ende kleine Ösen biegen. Abwechselnd die silbernen und goldenen Ringe ineinander drehen.

Sportlich und pfiffig

Zopfkette aus roten Seidenschnüren

Größe: ca. 40 cm lang, ca. 3 cm breit

Material

- 5 x 1,2 m Seidenschnüre, Pongé 08, in verschiedenen Rottönen
- ca. 20 Perlen, gold, 5 mm Ø, Bohrung 3 mm Ø
- Schmuckverschluß, gold, mit Karabiner, 6 mm Ø
- Nähseide und -nadel
- Klebstoff

Tip
Wenn Ihnen die Farben der gekauften Seidenschnüre nicht gefallen, können Sie auch weiße Seidenschnüre kaufen und selbst mit Seidenmalfarbe färben (siehe auch unter »Bunte Kette aus Kokonschnüren«, Seite 29).

Anleitung

Mit jedem Seidenband einen Zopf (siehe »Zopf aus einem Faden«, Seite 10) flechten, dabei vor und nach jeder Flechtung eine Perle aufziehen.
Zopfanfang, -länge und -ende sollten bei jedem Band unterschiedlich sein, z.B.: 9 cm freies Band, Perle, 15 cm Zopf, Perle, 2 cm freies Band, Perle, 8 cm Zopf, Perle, 9 cm freies Band. Dadurch entstehen auch verschiedene Schnurlängen. Die Enden der Schnüre zusammennähen und in den Schmuckverschluß kleben.

Halsband aus Lederriemen

Größe: ca. 37 cm lang, max. 2,5 cm breit

Material

- 4 Rundriemen aus Ziegenleder à 1 m Länge, 1,5 mm Ø, in den Farben Rot, Gelb, Dunkelgrün und Türkis
- 2 Endstücke (Verbinder) für Lederriemen, gold
- 1 Federring, 7 mm Ø, gold
- 2 Spaltringe, 5 mm Ø, gold
- Zange

Anleitung

Die 4 Lederriemen bündig nebeneinander legen. Die Enden einer Seite in ein Endstück stecken. Mit der Zange die Öffnung zusammenzwicken, so daß die Lederenden fest sitzen. Einen Viererzopf von ca. 7 cm Länge flechten (siehe Seite 9). Die folgenden Josefinenknoten (siehe Seite 9) werden abwechselnd von rechts nach links bzw. von links nach rechts geknüpft, insgesamt 12 x. Zum Abschluß wieder einen 7 cm langen Viererzopf flechten. Die Lederenden mit dem zweiten Endstück sichern. Lederriemen bündig abschneiden. Pro Seite einen Spaltring in die Endstücksösen eindrehen. Auf einer Seite den Kettenverschluß anbringen.

Armbänder aus Lederriemen

Größe: Armband, blau: ca. 20 cm lang, ca. 1 cm breit
Armband, rot/gelb: ca. 23 cm lang, ca. 1,5 cm breit

Material

- 4 Rundriemen aus Ziegenleder à 1 m Länge, 1,5 mm Ø, in den Farben Hellblau, Blau, Rot und Gelb
- je 2 Endstücke (Verbinder) für Lederriemen in Gold und Silber
- Drehverschluß in Gold für rot-gelbes Armband
- Spaltring, 5 mm Ø, silber, für blaues Armband
- Federring, 7 mm Ø, silber, für blaues Armband
- Klebstoff

Anleitung

Die Enden der blauen Lederriemen in einem silbernen Endstück befestigen, evtl. festkleben. Abwechselnd Josefinenknoten (siehe Seite 9) von links nach rechts und von rechts nach links knüpfen (insgesamt 15 x). Die Enden in dem 2. Endstück befestigen und Spalt- und Federing eindrehen. Das rot/gelbe Armband wird genauso gearbeitet, die Knoten allerdings etwas lockerer geknüpft und mit einem Drehverschluß geschlossen.

Kordelband mit Muschelanhänger

Größe: ca. 57 cm lang, ca. 1 cm breit

Material

- 3 x 3 m Seidenschnüre, Pongé 08, weiß
- 1 x 3 m geflochtene Goldborte, 3 mm breit
- Muschelanhänger, ca. 6 x 4 cm
- Tulpenkappel mit Karabiner, 10 mm Ø, gold
- Nähseide und -nadel
- Klebstoff

Anleitung

Mit den 4 Fäden eine Kordel aus Kronenknoten (siehe Seite 9) von ca. 57 cm knüpfen. Die Enden vernähen und die Tulpenkappel aufkleben. Den Muschelanhänger aufziehen.

Gesmokte Seidenkette, weiß

Größe: ca. 44 cm lang, ca. 1 cm Ø

Material

- 80 cm x 8 cm weiße Seide
- 1,5 m Silberdraht, 0,6 mm Ø
- Rocailles-Perlen in Grün- und Blautönen
- Wachsperlen, weiß, 3 mm Ø
- Goldperlen, matt, 3 mm Ø
- Tulpenkappel mit Karabiner, gold, 10 mm Ø
- 50 cm Baumwollkordel, weiß, 5 mm Ø
- Sicherheitsnadel
- Kettelzange
- Seitenschneider
- Rundholz, 1 cm Ø, ca. 10 cm lang
- Klebstoff

Anleitung

Den Seidenstreifen rechts auf rechts der Länge nach zur Hälfte zusammenlegen. Die Längsseiten mit knapp 1 cm Nahtzugabe mit der Nähmaschine zusammennähen. Als Unterfaden wird ein Gummifaden benutzt, so entsteht der Smokeffekt. Den Streifen nach rechts wenden. Mit einer Sicherheitsnadel die Baumwollkordel einziehen.

Den Silberdraht in 11 Teile schneiden (zwischen 10 und 15 cm lang). Perlen auf die Drähte fädeln, Enden mit der Kettelzange zu kleinen Ösen biegen und Drähte über das Rundholz in Form bringen (Foto, siehe »Regenbogenkette«, Seite 31). Die Perlenringe im Abstand von 2 – 3 cm auf das Seidenband aufziehen. Die Enden der Seide vernähen und in die Tulpenkappel kleben.

Gesmokte Seidenkette, schwarz

Größe: ca. 43 cm lang, ca. 1 cm Ø

Material

- 80 cm x 8 cm schwarze Seide
- 1 Kautschukreif, 5 mm Ø, mit silbernem Verschluß
- 1,2 m Silberdraht, 0,6 mm Ø
- Rocailles-Perlen in den Farben Gelb, Orange und Rot
- Sicherheitsnadel
- Kettelzange
- Seitenschneider
- Rundholz, 1 cm Ø, ca. 10 cm lang
- Nähseide und -nadel
- Klebstoff

Anleitung

Siehe »Gesmokte Seidenkette, weiß«, Seite 27. Den Silberdraht für die Perlenspiralen allerdings nur in 10 Teile (10 – 12 cm lang) schneiden.

Bunte Kette aus Kokonschnüren

Größe: ca. 68 cm lang

Material

- 1 Strang Seidenkokon (10 m)
- Tulpenkappel mit Karabiner, gold, 8 mm Ø
- Klebstoff
- Seidenmalfarben in Kirsche, Lavendel, Koralle, Parma, Silber, Lagune, Mandarine, Bordeaux, Banane und Fuchsie

Anleitung

Die Seidenschnüre ca. 60 – 70 cm lang zuschneiden und einfärben. Als Unterlage möglichst eine Folie verwenden. Damit die Kokonschnüre die Farbe besser aufnehmen, vor dem Färben mit einem Fließmittel-Wasser-Gemisch (1:10) anfeuchten. Nach dem Trocknen wie gewohnt fixieren. Alle Stränge an den Enden fest zusammenbinden und in die Tulpenkappel einkleben.

Tip

Dieser Halsschmuck richtet sich in erster Linie an Frauen, die eine Seidenmalgrundausrüstung und etwas Erfahrung im Färben und Dampffixieren mitbringen.

Lagunenfarbiger Halsschmuck aus Seidenschnüren

Größe: ca. 57 cm lang

Material

- 18 weiße Seidenschnüre à 60 cm Länge, Pongé 08 und Crêpe Satin 12,5
- 20 goldene Hülsen, 6 x 7,5 mm
- 10 silberne Hülsen, 6 x 5 mm
- Tulpenkappel mit Karabiner, silber, 10 mm Ø
- Nähseide und -nadel
- Klebstoff
- Seidenmalfarben in Ultramarin, Lagune, Türkis, Marine und Adria

Anleitung

Seidenschnüre auf einer wischfesten Unterlage einfärben, trocknen lassen und wie gewohnt fixieren. Auf 2 – 3 Seidenschnüre abwechselnd die Hülsen auffädeln. Die Enden fest zusammennähen und in die Tulpenkappel einkleben.

Tip

Für die zarten Farbabstufungen meiner Kette habe ich die angegebenen Seidenmalfarben in verschiedenen Mischungen und teilweise auch stark verdünnt verwendet.

Regenbogenkette

Größe: ca. 65 cm lang,
ca. 1,5 cm breit

Material

- Rocailles-Perlen in mindestens 8 verschiedenen Farben, z. B. dunkelblau, türkis, rot, grasgrün, jadegrün, orange, zitronengelb, goldgelb
- 6 m Silber- oder Kupferdraht, 0,6 mm Ø
- Kettelzange
- Seitenschneider
- Rundholz, 1 cm Ø, ca. 10 cm lang

Anleitung

Den Draht in 10 cm lange Stükke schneiden. Mit der Kettelzange an einem Drahtende eine kleine Öse biegen. Perlen einer Farbe bis ca. einem 3/4 cm vor Drahtende aufziehen. (Die Perlen benötigen etwas leeren Draht beim Umwickeln des Rundholzes.) Zum Abschluß eine weitere kleine Öse biegen. Den Perlendraht über das Rundholz drehen (siehe Foto). Insgesamt 60 Perlenringe anfertigen. Die Perlenringe farblich abwechselnd ineinander drehen.

Gehäkeltes Halsband aus Seidenperlgarn und Kupferdraht

Größe: ca. 40 cm lang, ca. 2,5 cm breit

Material

- 1 Strang Seidenperlgarn, rostrot
- Kupferdraht, 0,25 mm Ø
- Rocailles-Perlen, orange, 2 mm Ø
- Drehverschluß, gold
- Häkelnadel Nr. 2,5
- Nähseide und -nadel

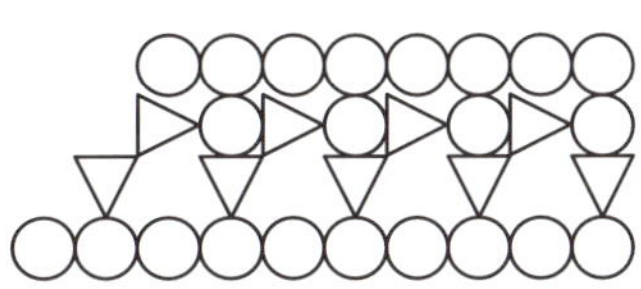

○ Luftmasche
▷ feste Masche

Anleitung

Auf den Kupferdraht 70 – 80 Perlen auffädeln und ans Ende des Drahtes schieben. Draht und Seidenperlgarn werden zusammen verhäkelt. Der Luftmaschenanschlag (siehe »Häkeln«, Seite 10) richtet sich nach der gewünschten Länge Ihrer Kette, sollte aber durch 3 teilbar sein, z.B. 72 Luftmaschen.

1. Reihe:
1 feste Masche, * 3 Luftmaschen, 1 feste Masche in die 1. der 3 Luftmaschen, 1 Luftmasche des Anschlages übergehen, 1 feste Masche (siehe Zeichnung), ab * bis zum Ende der Reihe wiederholen.
Dazwischen immer wieder Perlen einarbeiten.

2. Reihe:
Genauso wie die 1. Reihe arbeiten, jedoch nur noch mit dem Kupferdraht. Die Enden des Seidenperlgarnes vernähen, mit den Enden des Kupferdrahtes den Drehverschluß befestigen.

Tip
Wenn Sie etwas Erfahrung mit Seidenmalfarben haben, können Sie auch ein naturfarbenes Seidenperlgarn selbst im gewünschten Farbton (hier wurde »Koralle« verwendet) einfärben.

Kette aus blauen Lederperlen und Rosenquarz

Größe: ca. 43 cm lang, ca. 3,5 cm breit

Material

- ca. 10 cm x 30 cm blaues, evtl. gemasertes Leder (für 31 Lederperlen)
- Rosenquarzsplitter, ca. 0,5 cm – 1 cm Ø
- 5 m Perlonfaden, 0,3 mm Ø
- silberner Drehverschluß, ca. 1,5 cm lang, 0,8 cm Ø
- Schere oder Bastelmesser
- Lederklebstoff
- Sekundenkleber

Anleitung

31 Lederperlen nach Schablone I herstellen (siehe auch Seite 10). Durch eine Lederperle einen 2 m langen Perlonfaden ziehen. Beide Enden sind gleichlang, die Perle sitzt in der Mitte. Auf ein Fadenende 1 Rosenquarzperle, auf das andere Fadenende 4 Rosenquarzperlen aufziehen. Beide Fäden über Kreuz durch eine weitere Lederperle ziehen, der Faden von links wechselt nach rechts und umgekehrt (siehe Zeichnung). Den Perlonfaden straff ziehen und den Vorgang wiederholen, bis die gewünschte Länge erreicht ist. Beim Ansetzen eines neuen Fadens die Enden verknoten und mit Sekundenkleber zusätzlich sichern.

Die Ansatzstelle möglichst in einer Lederperle unterbringen. Um eine größere Stabilität der Kette an der Halsinnenseite zu erreichen, nochmals einen Perlonfaden durch die einzelnen Rosenquarzperlen ziehen. Kettenende: Den Perlonfaden durch 5 Rosenquarzperlen, den Verschluß und wieder 5 Rosenquarzperlen ziehen. Den Faden durch die letzte Lederperle zurückführen und zur Sicherung noch einmal durch die Perlen und den Verschluß ziehen. Fadenenden verknoten und verkleben. Auf der anderen Seite genauso abschließen.

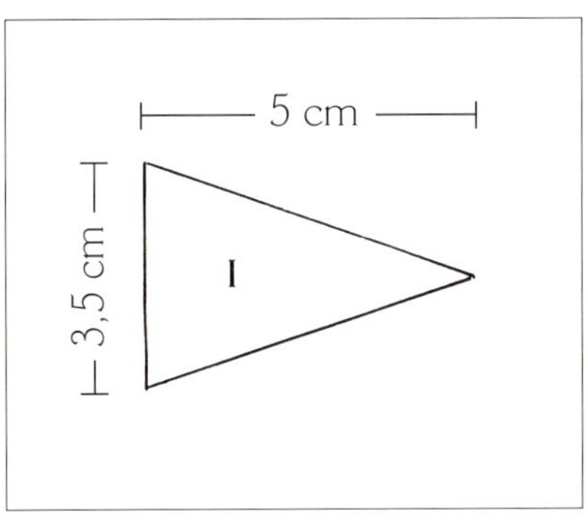

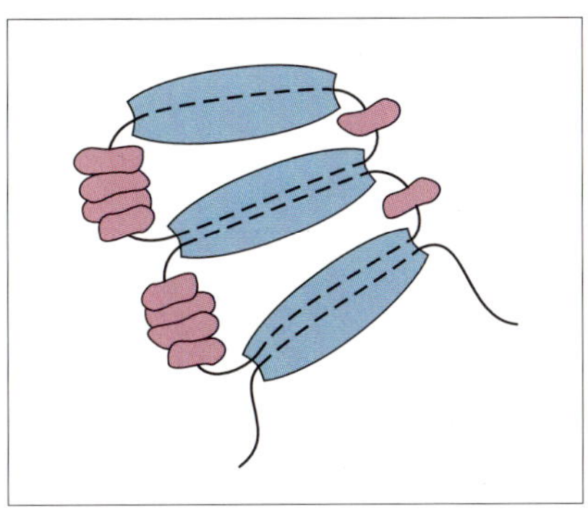

Tip

Gut geeignet für dieses Modell ist eine gekaufte Kette aus Rosenquarzsplittern von etwa 95 cm Länge: Sie ist in Modeschmuckgeschäften erhältlich und kostet nur ca. 10,-- DM.

Collier aus Stoffperlen

Größe: ca. 57 cm lang, ca. 4 cm breit

Material

- ca. 35 cm x 9 cm Chintzstoff, in den Farben Lila, Braun und Silber
- 42 Wachsperlen, bordeaux, 8 mm Ø
- 44 Wachsperlen, bordeaux, 6 mm Ø
- Collierschließe, altplatin, 12 mm Ø
- ca. 5 m Perlonfaden, 0,3 mm Ø
- Schere oder Bastelmesser
- Klebstoff
- Nähseide und -nadel

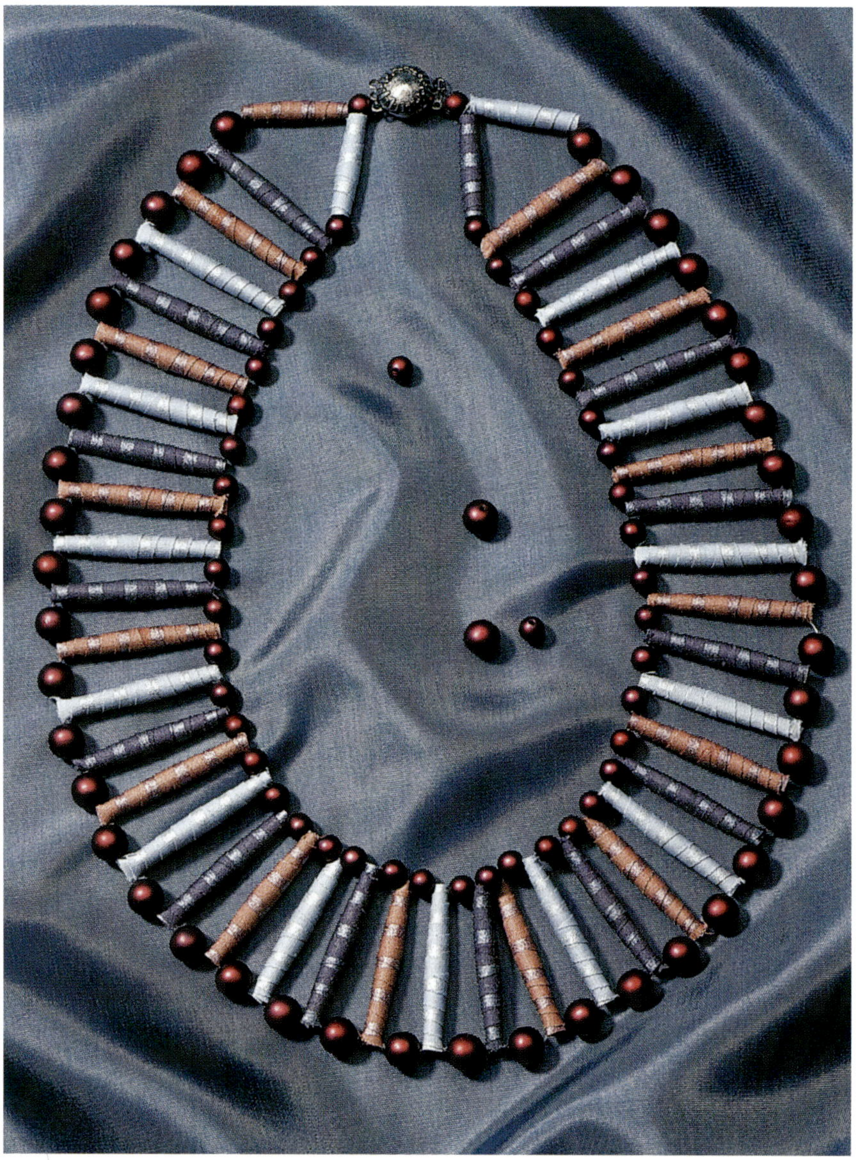

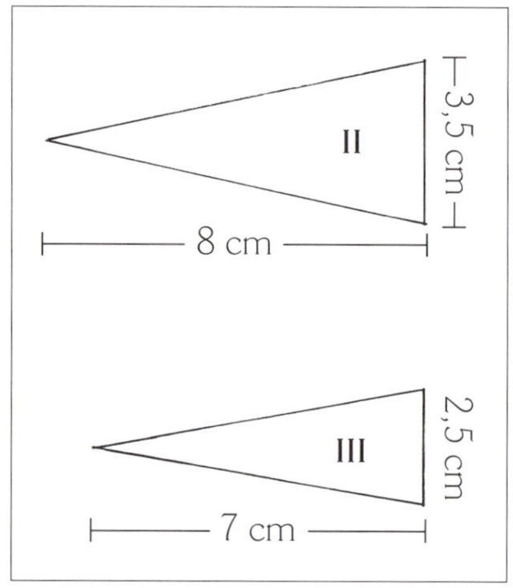

Anleitung

Je 14 Stoffperlen in Lila und Braun und 13 Stoffperlen in Silber nach Schablone II, sowie 2 Stoffperlen in Silber und je 1 Stoffperle in Lila und Braun nach Schablone III herstellen (siehe Seite 10). Weitere Verarbeitung, siehe »Kette aus blauen Lederperlen und Rosenquarz«, Seite 35. Die kleineren Perlen werden für die Halsinnenseite und die größeren Perlen für die Außenseite aufgezogen. An beiden Seiten mit 2 kleinen Stoffperlen und 1 kleinen Wachsperle abschließen. Den Collierverschluß annähen.

Kette aus Büroklammern und Glasperlen

Größe: ca. 56 cm lang

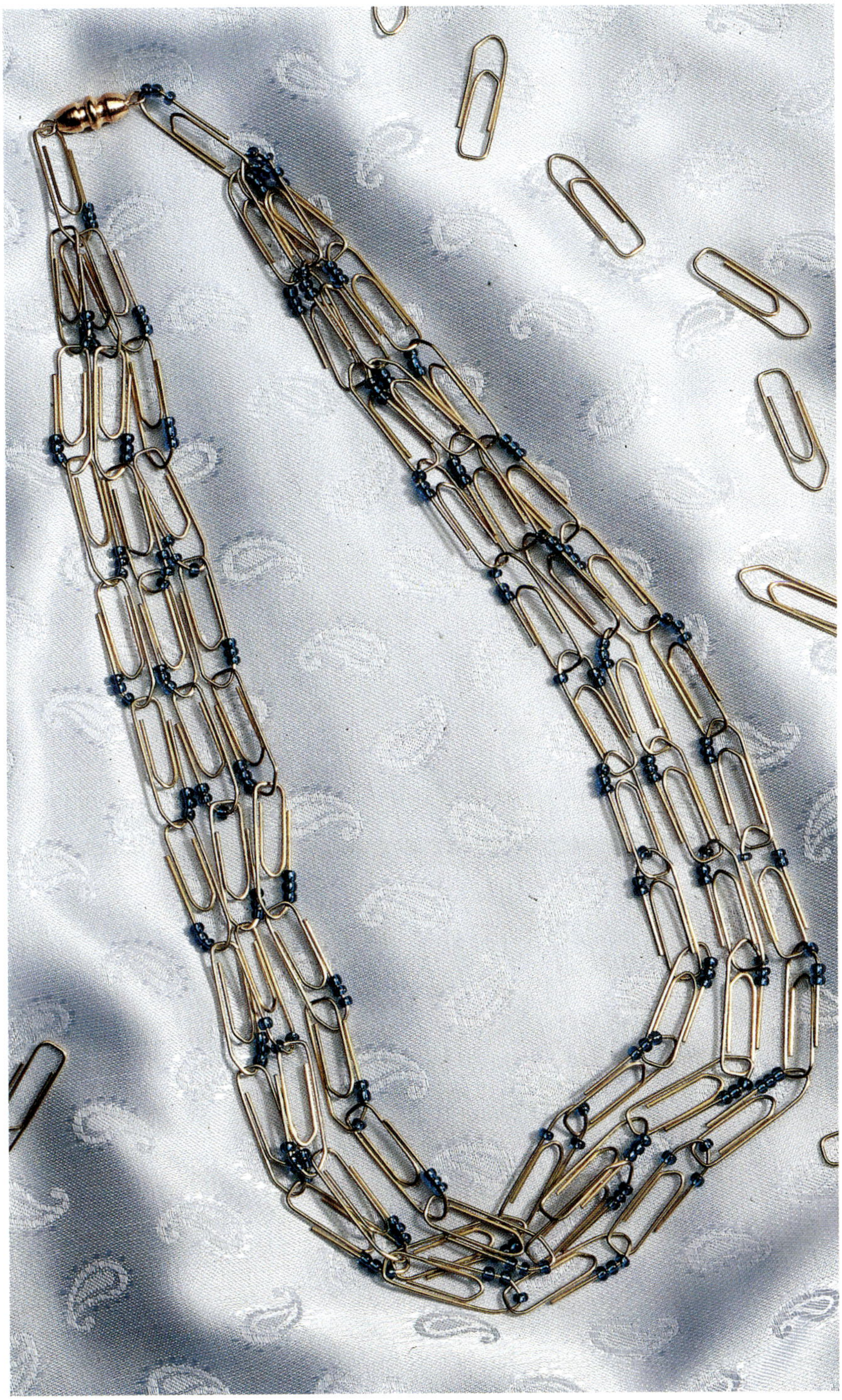

Material

- 67 Büroklammern mit Messingüberzug
- 1 Drehverschluß mit Messingüberzug, ca. 1,5 cm lang
- Rocailles-Perlen, jadegrün, 2,6 mm Ø

Anleitung

In jede Büroklammer 3 Perlen bis zur 1. Biegung einfädeln. Die Büroklammern zu 3 Ketten à 22, 22 und 23 Stück zusammenhängen. In die erste und letzte Büroklammer der 23er-Kette die beiden 22er-Ketten und den Drehverschluß einhängen.

Schwarzgoldene Seidenkette mit Bernsteinscheiben

Größe: ca. 52 cm lang, ca. 2,5 cm breit

Material

- 90 cm x 8 cm schwarze Seide, Pongé 08
- 9 Bernsteinscheiben (bekannt und erhältlich auch unter dem Namen »Wiking-Geld«), 2 – 3 cm Ø, Bohrung mind. 3 mm Ø
- 24 vergoldete Metallkugeln, 6 x 8 mm, Bohrung 5 mm Ø
- 8 Holzperlen, 2 cm Ø
- 6 Holzperlen, 1,5 cm Ø
- Hülsenkappel mit Karabiner, gold
- Nähseide und -nadel
- Klebstoff

Anleitung

Aus der Seide einen Schlauch nähen: Den Seidenstreifen rechts auf rechts der Länge nach zur Hälfte legen. Die offene Längsseite nähfüßchenbreit absteppen. Den Streifen nach rechts wenden. In die Mitte des Seidenstreifens die größte Bernsteinscheibe setzen und rechts und links davon je 1 Metallkugel aufziehen. In den Schlauch rechts und links je 1 größere Holzperle schieben und wieder mit je 1 Metallkugel sichern. In diesem Wechsel die Bernsteinscheiben, Metall- und Holzperlen verarbeiten. Zum Schluß die kleineren Holzperlen (3 pro Seite) abwechselnd mit den Metallkugeln ein- und aufziehen. Die Schlauchenden vernähen und in die Hülsenkappel kleben.

Halsband »Tiger-Lilly«

Größe: ca. 63 cm lang, ca. 2 cm breit

Material

- 70 cm x 9 cm Pannesamt im Tiger- oder Leopardenmuster
- 11 Holzoliven, 2 x 3 cm
- 18 Silberröhren, 7 x 5 mm, Bohrung 6 mm Ø
- Schmuckverschluß, schwarz, 7 mm Ø
- Nähseide und -nadel
- Klebstoff

Anleitung

Aus dem Samt einen Schlauch nähen (siehe »Kette mit Bernsteinscheiben«, Seite 38) und nach rechts wenden. Die Holzoliven sollten knapp durch den Schlauch passen. In die Mitte des Schlauches eine Holzolive schieben. Rechts und links davon den Schlauch durch eine Silberröhre ziehen. Im Wechsel fortfahren. Auslaufend an beiden Enden zwischen den 4 letzten Silberröhren sind ca. 2 cm Schlauch ohne Holzoliven verarbeitet. Die Enden vernähen und in den Verschluß kleben.

Armband »Tiger-Lilly«

Größe: ca. 22 cm lang, ca. 2 cm breit

Material

- 30 cm x 7 cm Pannesamt im Tiger- oder Leopardenmuster
- 7 Holzperlen, 2 cm Ø
- 8 Silberröhren, 7 x 5 mm, Bohrung 6 mm Ø
- Schmuckverschluß, schwarz, 5 mm Ø
- Nähseide und -nadel
- Klebstoff

Anleitung

Aus dem Samt einen Schlauch nähen (siehe »Kette mit Bernsteinscheiben«, Seite 38) und nach rechts wenden. Die Holzperlen sollten knapp durch den Schlauch passen. In die Mitte des Schlauches eine Holzperle schieben. Rechts und links davon den Schlauch durch eine Silberröhre ziehen.

Im Wechsel fortfahren. Die Enden vernähen und in den Verschluß kleben.

Girlie-Kette mit Metallic-Pompons

Größe: ca. 63 cm lang, ca. 2 cm breit

Material

- 12 bunte Metallic-Pompons, 2,5 cm Ø
- Rocailles-Perlen in den Farben Silber, Rot, Grün, Gold und Braun
- goldfarbener Federring mit Spaltring, 9 mm Ø
- Nähnadel
- stärkerer Zwirn oder Perlonfaden, 0,3 mm Ø

Anleitung

Einen ca. 70 cm langen Faden einfädeln. 11 Perlen einer Farbe auffädeln und mit der Nadel durch die Mitte eines Pompons stechen. Weitere 16 – 18 Perlen einer anderen Farbe auffädeln und wieder durch die Mitte eines Pompons stechen. Mit farblich wechselnden Perlen fortfahren, bis alle Pompons verarbeitet sind. So entsteht die mittlere Perlenreihe. Obere und untere Perlenreihe in Farbe und Länge wie die Mittelreihe anlegen, beim Durchstechen der Pompons einen Abstand von ca. 5 mm einhalten. Die 3 Perlenstränge an beiden Enden zusammennähen und am Feder- und Spaltring festnähen.

Blümchenkette aus bunten Pompons

Größe: Halsband: ca. 38 cm lang, ca. 2 cm breit · Armband: ca. 18 cm lang, ca. 2 cm breit

Material

- ca. 150 bunte Pompons, 7 mm ∅
- 2 goldfarbene Federringe mit Spaltringen, 7 mm ∅
- Nähnadel
- stärkerer Zwirn

Anleitung

Halsband: Einen ca. 70 – 80 cm langen Faden einfädeln und 2 grüne Pompons durch die Mitte auffädeln. Für die erste Blume 3 rote und 1 gelben Pompon auffädeln und durch den ersten roten Pompon stechen. Noch 3 rote Pompons auffädeln und durch den dritten Pompon befestigen. 10 Blümchen auf diese Weise in verschiedenen Farben anfertigen, dazwischen je 3 grüne Pompons. Federring und Spaltring annähen.

Armband: Wie das Halsband anfertigen, jedoch insgesamt nur 6 Blümchen, dazwischen je 2 gelbe Pompons.

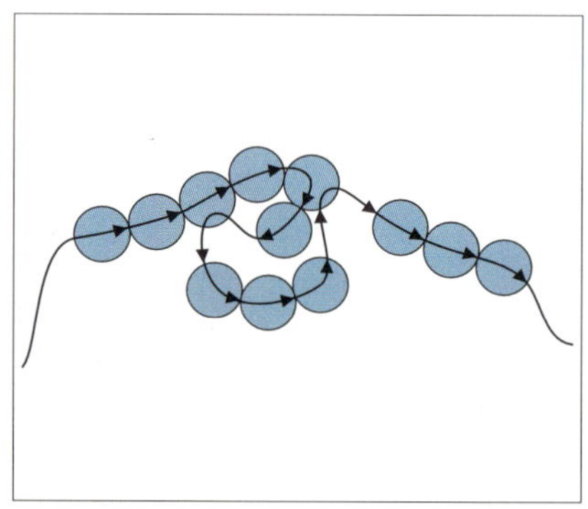

Rustikal und ländlich

Geknüpfte Kette im Landhausstil

Größe: ca. 58 cm lang, 1 cm breit

Material

- je 3 x 3,5 m Velourlederband, 3 mm breit, in Beige und Braun
- 1 silberner Herzanhänger mit Edelweiß, 5,5 x 5 cm
- 2 silberne Edelweißknöpfe, 3,5 x 3 cm
- 6 Silberröhren, 6 x 5 mm
- Schmuckverschluß, silber, 8 mm Ø
- Nähseide und -nadel
- Klebstoff

Anleitung

In der Mitte der 6 Fäden zur besseren Handhabung einen Überhandknoten (siehe Seite 9) bilden. 5 cm Kronenknoten (siehe Seite 9) mit abwechselnd hellen und dunklen Fäden knüpfen. Den Überhandknoten lösen. Beide Seiten wie folgt arbeiten: Die Fäden durch eine Silberröhre ziehen. Mit je 3 Fäden einer Farbe ein Band aus Wellenknoten (siehe Seite 9) von ca. 9,5 cm knüpfen. Die Bänder miteinander verdrehen. Die 6 Fäden erneut durch eine Silberröhre ziehen. Es folgen 5 cm Kronenknoten, 1 Silberröhre und 8,5 cm Wellenknoten. Die Fäden vernähen und in den Schmuckverschluß kleben. Edelweißherz und -knöpfe einhängen bzw. aufnähen.

Halsband mit Lederherzen

Größe: ca. 31 cm lang, max. 4 cm breit

Material

- Lederreste in Natur
- 1 m hellbraunes Ziegenlederband, 1,5 mm Ø
- Hirschhornknöpfe in Herzform: 1 x ca. 2 x 2 cm, 4 x ca. 1,5 x 1,5 cm, 4 x ca. 1 x 1 cm
- Lochzange
- Schere oder Bastelmesser
- Lederklebstoff

Anleitung

Mit Hilfe der Schablonen die Herzformen auf das Leder aufzeichnen und ausschneiden. Sie benötigen 2 große und 16 kleine Herzen. In die Mitte von 8 kleinen und 1 großen Herzen mit der Lochzange oder einer stärkeren Sticknadel 2 waagrechte Löcher (Abstand 3 – 5 mm) stanzen. Herzen und Hornknöpfe auf das Lederband auffädeln. Der Abstand zwischen den Herzen beträgt ca. 0,5 cm. Zur Stabilisierung restliche Herzen auf der Rückseite dagegen kleben. Das verbleibende Lederband wird als Verschluß zum Binden verwendet.

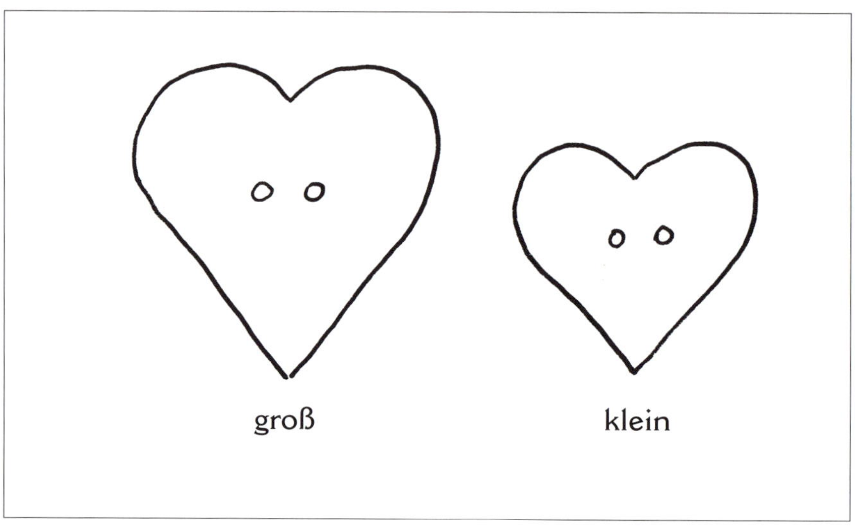

Trachtenband mit Silberknöpfen

Größe: ca. 35 cm lang, ca. 2,5 cm breit

Material

- 4 x 3 m Hanf, schwarz, ca. 1 mm Ø
- 6 silberne Trachtenknöpfe, ca. 1,5 cm Ø
- silberner Drehverschluß, 2 x 0,8 cm
- Nähseide und -nadel

Anleitung

Die 4 Fäden zur Hälfte legen und möglichst auf einer Knüpfunterlage befestigen (= 8 Knüpffäden). Mit den mittleren 4 Fäden einen Weberknoten (siehe Seite 9) knüpfen, seitlich bleiben zwei Fäden ungeknüpft. Dann 2 Weberknoten nebeneinander mit jeweils 4 Fäden arbeiten. Darunter versetzt mit den 4 Mittelfäden einen weiteren Weberknoten knüpfen. In der 4. Reihe werden wieder 2 Weberknoten nebeneinander geknüpft. In diesem Wechsel insgesamt 12 Reihen arbeiten.

* Mit den 2 äußeren Fäden rechts und links ein Band aus 5 1/2 Kettknoten (siehe Seite 9) arbeiten. Mit den 4 mittleren Fäden 5 Weberknoten untereinander knüpfen. Auf diesen Bändern werden später die Knöpfe aufgenäht. Es folgen wieder 9 Reihen versetzte Weberknoten wie oben.

Ab * 5 x für insgesamt 6 Knöpfe wiederholen. Den Abschluß bilden 12 Reihen versetzte Weberknoten. Die Fadenenden vernähen und den Drehverschluß annähen.

Hals- und Armband aus Hanf mit Holzperlen

Größe: Halsband: ca. 57 cm lang, ca. 1 cm breit · Armband: ca. 22 cm lang, ca. 1 cm breit

Material

- 5 x 2,5 m und 5 x 1,2 m Hanf, grün, ca. 1 mm Ø
- je 110 Holzperlen in Natur und Blau, 3 mm Ø
- 2 Schmuckverschlüsse mit Karabiner, 5 mm Ø, gold glänzend
- Nähseide und -nadel
- Klebstoff

Anleitung

Für das Halsband in die Mitte der 5 langen Fäden einen provisorischen Überhandknoten (siehe Seite 9) bilden, der nach den ersten Knüpfrunden wieder gelöst wird. 11 Runden Kronenknoten (siehe Seite 9) knüpfen. Auf jeden Faden eine naturfarbene Holzperle aufziehen. Weitere 11 Runden Kronenknoten knüpfen. Auf jeden Faden eine blaue Holzperle fädeln. In diesem Wechsel fortfahren. Die andere Seite gegengleich arbeiten. Fadenenden vernähen und den Schmuckverschluß aufkleben.

Für das Armband die kürzeren Fäden und je 30 Holzperlen in Natur und Blau verknüpfen.

Geflochtenes Halsband mit Blüten und Perlen

Größe: ca. 34 cm lang, max. 3 cm breit

Material
- 4,5 m naturfarbener Hanf, ca. 1 mm Ø
- bunte Rocailles-Perlen, 2 mm Ø
- bunte Plastikblüten, 9 mm Ø
- Hülsenkappel, matt silber, 7 mm Ø
- Nähseide und -nadel
- Klebstoff

Anleitung

9 Fäden à 50 cm zuschneiden. Alle Fäden an einem Ende zusammennähen. Einen Zopf aus 9 Fäden flechten (siehe »Neunerzopf«, Seite 9). Die Enden vernähen und in die Hülsenkappel kleben. 24 Perlenschnüre mit jeweils einer Blüte am Ende laut Zeichnung auf Nähseide auffädeln. Die Länge der Schnüre sollte zwischen 2 und 10 Perlen betragen. Perlenschnüre an die Unterkante des Zopfes nähen.

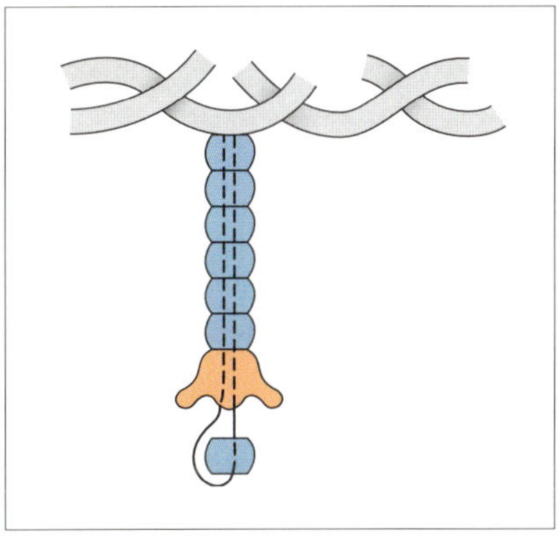

Bezugsquellen

Die Materialien zu diesem Buch finden Sie in Bastel- und Handarbeitsläden, gut sortierten Kaufhäusern und den immer zahlreicher werdenden Spezialgeschäften.

Folgende Firmen führen das Material in ihrem Programm:

Rayher Hobby GmbH

Ideen in Stoff,
Schmidt & Bleicher OHG

Perlenmarkt, Bäckergasse 15,
86150 Augsburg

Harald Bögl, Steindesign

Für die freundliche Unterstützung möchte ich mich bei diesen Firmen herzlich bedanken!

Impressum

Fotografie: Klaus Lipa, Augsburg
Lektorat: Margit Bogner
Grafiken/Zeichnungen: Petra Körner, Augsburg
Umschlaggestaltung: Petra Pawletko, unter Verwendung einer Reihengestaltung von Christa Manner, München
Layout und DTP: Klaus Lutsch, München
Herstellung: Charmaine Müller
Reproduktion: PHG-Lithos, München
Druck und Bindung: Appl, Wemding

Gedruckt auf 115 g/m² umweltfreundlich chlorfrei oder elementar chlorfrei gebleichtes Papier.

ISBN 3-8043-0639-X

Printed in Germany

Die Deutsche Bibliothek – CIP-Einheitsaufnahme

Individueller Schmuck für jeden Stil : Armbänder und Ketten /
Christiane Nießeler. - Augsburg : Augustus-Verl., 1999
ISBN 3-8043-0639-X